Monika Roller

AF706192

Mein kleines Regelheft

Mit Montessori Mathematik verstehen

3./4. Klasse

Cornelsen

Bildquellenverzeichnis

Cornelsen/Kristina Klotz: S. 1, 8–10, 14–17, 19, 21, 24, 26, 27, 31, 35–38, 41, 46 (Leitfiguren), S. 5 (Ast mit Vögeln), S. 6 (Uhr, Thermometer), S. 16 (Lineal), S. 18 (Messbecher, Flasche, Glas), S. 19 (Kalender, Uhren), S. 21 (Kuchen), S. 22 (alle Uhren), S. 23, 24 (Messbecher), S. 45 (Rechenmaterial), S. 46 (Zirkel);
Cornelsen/Dorina Tessmann: S. 5 (Kalender), S. 16 (alle Waagen, Zollstock, Maßband), S. 18 (Eimer);
Cornelsen/Christian Böhning, Berlin: S. 17 (Würfel), S. 31, 32 (alle geometrischen Körper), S. 32 (Körpernetze: Würfel, Quader);
Cornelsen/Stefan Giertzsch: S. 18 (Volumenwürfel), S. 27 (Familie der Vierecke), S. 32 (Körpernetze: Kegel, Pyramide, Prisma, Zylinder);
Cornelsen/Detlef Seidensticker/Deutsche Bundesbank/Luc Luyx aus Belgien: S. 15 (Euro- und Centmünzen);
Cornelsen/Detlef Seidensticker/Deutsche Bundesbank: S. 15 (Euroscheine);
stock.adobe.com/blende11.photo: S. 29/46 (Geodreieck)

Projektleitung: Maren Krüger, Berlin
Redaktion: Daniela Brunner, Korschenbroich
Umschlaggestaltung: Corinna Babylon / Jule Kienecker, Berlin
Umschlagillustrationen: Kristina Klotz, München
Technische Umsetzung: Ludger Stallmeister, Wuppertal

www.cornelsen.de

1. Auflage 2021

© 2021 Cornelsen Verlag GmbH, Berlin

Das Werk und seine Teile sind urheberrechtlich geschützt. Jede Nutzung in anderen als den gesetzlich zugelassenen Fällen bedarf der vorherigen schriftlichen Einwilligung des Verlages. Hinweis zu §§ 60 a, 60 b UrhG: Weder das Werk noch seine Teile dürfen ohne eine solche Einwilligung an Schulen oder in Unterrichts- und Lehrmedien (§ 60 b Abs. 3 UrhG) vervielfältigt, insbesondere kopiert oder eingescannt, verbreitet oder in ein Netzwerk eingestellt oder sonst öffentlich zugänglich gemacht oder wiedergegeben werden. Dies gilt auch für Intranets von Schulen.

Druck: H. Heenemann, Berlin

ISBN 978-3-589-16764-7

PEFC
PEFC/04-31-1156

PEFC zertifiziert
Dieses Produkt stammt aus nachhaltig bewirtschafteten Wäldern und kontrollierten Quellen.

www.pefc.de

Inhaltsverzeichnis

1. Zahlaspekte

Für die Mathematik sind Zahlen sehr wichtig. Ohne sie gäbe es keine Mathematik. Wofür brauchen wir die Zahlen?

1.1 Kardinalzahl

Wir verwenden die Zahlen für die Beschreibung von Anzahlen, also zum Zählen.

Beispiel: Es sitzen 6 Vögel auf dem Ast.

Die Mathematiker nennen Zahlen, die uns eine **Anzahl** verraten, **Kardinalzahlen**.

Wie viele Kinder sind in deiner Klasse? Es sind ______ Kinder.

1.2 Ordinalzahl

Wir brauchen die Zahlen aber auch, um **Reihenfolgen** zu kennzeichnen. Die Zahlen, um deren Stelle einer Reihe es sich handelt, nennen wir **Ordinalzahlen**.

Beispiel: Bei Wettkämpfen wird festgehalten, wer den ersten, zweiten usw. Platz erzielt hat. Oder beim Datum schreiben wir auf, der wievielte Tag es im wievielten Monat ist. Hinter diese Zahlen machen wir immer einen Punkt:
1., 2., 3. usw.

Schreibe das Datum deines Geburtstages auf.

Ich habe am ____________________ Geburtstag.

1.3 Maßzahl

Wir verwenden Zahlen außerdem, um zu wissen, wie lang, wie teuer oder wie schwer etwas ist. Hinter diese Zahlen schreiben wir immer eine **Größeneinheit** wie km, kg, h usw. (vgl. Kapitel 3.). Diese Angaben darfst du bei deinen Rechnungen nie vergessen, denn in Klassenarbeiten werden dir dadurch Punkte abgezogen. Diese Zahlen nennt man **Maßzahlen**.

Schreibe auf, wie groß und wie schwer du bist:

Ich bin ____ , ____ m groß und wiege ____ , ____ kg.

1.4 Skalenzahl

Auch um **Skalen** herzustellen, wie z. B. bei der Uhr oder dem Thermometer, brauchen wir Zahlen. Deshalb nennen wir diese Zahlen **Skalenzahlen**.

Zeichne die Skalenzahlen ein:

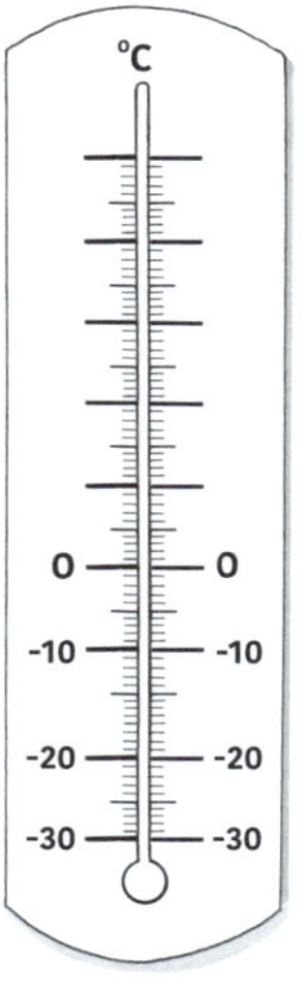

1.5 Operatorzahl

Schließlich verwenden wir Zahlen, um zu beschreiben, wie oft sich ein Vorgang wiederholt (einmal, zweimal ...). Diese Zahlen nennt man **Operatorzahl**.

2. Grundrechenarten

2.1 Addition (addieren)

Addition oder addieren bedeutet **dazurechnen** bzw. **Plusrechnen**. Das Rechenzeichen ist **+** .

32	+	28	=	60
Summand	+	Summand	=	Summe

Große Zahlen kann man **schriftlich addieren**. Dazu werden die Summanden untereinander geschrieben. Dabei müssen immer dieselben Stellenwerte untereinander stehen, also Einer unter Einern, Zehner unter Zehnern usw.

	T	H	Z	E
	1	5	2	7
+	2	9	5	9

Du notierst 6 unter dem Strich (Ergebniszeile) und eine kleine Eins (also den Zehner von 16) unter der 5 bei den Zehnern (Übertragungszeile).

Nun rechnest du 1 plus 5 plus 2 gleich 8. Hier bleibt das Ergebnis unter 10 und du notierst nur die 8 in der Ergebniszeile unter den Zehnern. Jetzt rechnest du genauso mit den Hundertern und Tausendern weiter. Kannst du die Aufgabe lösen?

Überlege dir jetzt selbst drei Additionsaufgaben. Notiere sie. Du kannst auch mehr als zwei Zahlen untereinander schreiben.

Bei der Addition darfst du die Summanden tauschen. Das nennt man Tauschaufgabe. Dazu gibt es in der Mathematik ein Gesetz. Es ist das **Kommutativgesetz** der Addition. Man nennt es auch **Vertauschungsgesetz**.

Schreibe die Tauschaufgaben zu den drei Beispielen und berechne die Ergebnisse:

$4 + 3 = 7$
$3 + 4 = 7$

$217 + 682 =$

$51 + 73 =$

$435 + 964 =$

Es gibt auch noch das **Assoziativgesetz** der Addition. Das hilft dir, wenn du Aufgaben mit mehreren Summanden lösen musst. Dann kannst du zuerst die beiden Summanden addieren, die gut zusammenpassen.

$$(19 + 32) + 28 = 19 + (32 + 28)$$
$$51 + 28 = 19 + 60$$
$$79 = 79$$

Löse so auch die folgende Aufgabe:

$(27 + 35) + 43 =$

2.2 Subtraktion (subtrahieren)

Subtrahieren oder Subtraktion bedeutet **abziehen** bzw. **Minusrechnen**. Das Rechenzeichen ist **–** .

9	–	3	=	6
Minuend	–	Subtrahend	=	Differenz

Bei der Subtraktion gibt es keine Tauschaufgaben. Du kannst aber das Ergebnis der Subtraktion mit der Umkehraufgabe kontrollieren.

Die **Umkehraufgabe** bei der Subtraktion ist die Addition. Bei der Aufgabe 9 – 3 = 6 ist das:

6 + 3 = 9

Die Umkehraufgabe bei der Addition ist die Subtraktion. So lassen sich mit 3 Zahlen jeweils 2 Additions- und 2 Subtraktionsaufgaben bilden. Bei diesem Beispiel:

9	–	3	=	6
9	–	6	=	3
3	+	6	=	9
6	+	3	=	9

Finde selbst 2 Additions- und 2 Subtraktionsaufgaben mit den Zahlen 45, 23 und 68.

Denke dir danach noch jeweils 2 eigene Additions- und Subtraktionsaufgaben zu 3 Zahlen aus.

Merke dir: Bei der Addition ist die größte Zahl immer das Ergebnis, bei der Subtraktion steht die größte Zahl immer vorne.

Große Zahlen kannst du auch **schriftlich subtrahieren**. Dazu gibt es zwei Verfahren: das **Ergänzungs-** und das **Abziehverfahren**. Meistens wird nur eines dieser Verfahren angewendet.

Abziehverfahren

	T	H	Z	E
	3	6	7	4
–	2	3	8	3

Genau wie bei der Addition müssen wieder die Stellenwerte richtig untereinander geschrieben werden und du beginnst wieder mit den Einern. Super, das ist einfach! 4 minus 3 gleich 1. Du notierst die 1 in der Ergebniszeile bei den Einern. Jetzt wird es schwieriger, 7 minus 8 geht nicht. Deshalb leihst du dir einen Zehner. Dazu streichst du die 6 bei den Hundertern durch und schreibst eine 5 darüber, über die 7 bei den Zehnern schreibst du eine 17. Das klappt jetzt: 17 minus 8 gleich 9. Die 9 schreibst du unter die Zehner in die Ergebniszeile.

Mit den Hundertern und Tausendern ist es wieder einfach, du musst dir nichts mehr leihen. Kannst du die Aufgabe lösen?

Ergänzungsverfahren

	T	H	Z	E
	3	6	7	4
–	2	3	8	3

Beim Ergänzungsverfahren sprechen wir anders. Wir rechnen bei den Einern nicht 4 minus 3, sondern wir sagen von 3 bis 4 sind es 1 und schreiben die 1 in die Ergebniszeile unter die Einer. Von 8 bis 7 geht nicht, aber von 8 bis 17. Wir leihen uns jetzt nichts bei den Hundertern, sondern schreiben eine kleine 1 in die Übertragszeile unter die Hunderter. In der Ergebniszeile schreiben wir wieder die 9 unter die Zehner. Bei den Hundertern und Tausendern ist es wieder problemlos. Wir rechnen aber bei den Hundertern nicht von 3 bis 6, sondern addieren zu der 3 die kleine 1 und rechnen von 4 bis 6 gleich 2. Das Ergebnis ist dasselbe.

Zur Kontrolle kann man wieder die Umkehraufgabe rechnen, also die Addition: 1 291 + 2 383 = 3 674.

Überlege dir nun selbst zwei eigene Subtraktionsaufgaben.

2.3 Multiplikation (multiplizieren)

Multiplizieren bedeutet **Malrechnen**. Das Rechenzeichen ist $\cdot$. Eigentlich ist es eine Addition, aber man addiert immer wieder dieselbe Zahl. Statt $3 \cdot 6$, kannst du auch $6 + 6 + 6$ rechnen. Das Ergebnis ist bei beiden Aufgaben 18.

3	·	6	=	18
1. Faktor	·	2. Faktor	=	Produkt

Auch bei der Multiplikation darfst du die beiden Faktoren tauschen.

Die **Tauschaufgabe** von $3 \cdot 6$ ist $6 \cdot 3$.

Somit kannst du hier ebenfalls das **Kommutativgesetz** anwenden. Auch das **Assoziativgesetz** kannst du bei der Multiplikation nutzen, wenn du mehr als zwei Faktoren hast.

$$
\begin{aligned}
(4 \cdot 6) \cdot 25 &= (4 \cdot 25) \cdot 6 \\
24 \cdot 25 &= 100 \cdot 6 \\
600 &= 600
\end{aligned}
$$

Bei der Multiplikation gibt es noch ein drittes Gesetz: das **Distributivgesetz** (Verteilungsgesetz). Das Distributivgesetz brauchst du, wenn in deiner Aufgabe Addition oder Subtraktion mit einer Multiplikation verbunden werden. Dabei muss die Addition oder Subtraktion in einer Klammer stehen.

$$
\begin{aligned}
(5 + 4) \cdot 8 &= 5 \cdot 8 + 4 \cdot 8 \\
9 \cdot 8 &= 40 + 32 \\
72 &= 72
\end{aligned}
$$

Um gut und schnell multiplizieren zu können, brauchst du das **kleine Einmaleins**.

Große Zahlen kannst du **schriftlich multiplizieren**. Schreibe die Zahlen immer ganz ordentlich auf. Jede Ziffer und auch das Malzeichen müssen in einem eigenen Kästchen stehen. Jetzt schreibst du aber kein Gleichzeichen hinter die Aufgabe, sondern ziehst einen Strich unter den beiden Faktoren.

	5	7	4	·	3	9				6	9	3	·	7	5
		1	7	2	2										
			5	1	6	6									
		1													
		2	2	3	8	6									

Du multiplizierst die erste Ziffer der zweiten Zahl (3) mit der letzten Ziffer der ersten Zahl (4), also 3 mal 4 gleich 12. Du

notierst die 2 unter dem Strich unter der 3, den Zehner musst du dir merken. Du multiplizierst nun 3 mal 7 gleich 21 und addierst dazu die 1 (also den Zehner, den du dir gemerkt hast) und erhältst 22. Die 2 Einer notierst du neben der 2 der vorherigen Aufgabe, die 2 von den Zehnern musst du dir wieder merken und bei der nächsten Multiplikationsaufgabe, hier 3 mal 5, zum Ergebnis addieren. Bei der letzten Aufgabe schreibst du das Ergebnis komplett auf, also 17.
Genauso multiplizierst du jetzt die Zahl 574 mit den Einern (9). Die erste Ergebniszahl notierst du unter der 9. Wenn du auch diese Aufgabe gelöst hast, addierst du die beiden Zahlen. Löse nun die zweite Aufgabe auf S. 12 selbstständig.

2.4 Division (dividieren)

Die Division ist die Umkehrung der Multiplikation und bedeutet **Geteiltrechnen**. Das Rechenzeichen ist **:** .

18	:	6	=	3
Dividend	:	Divisor	=	Quotient

Jetzt ist das kleine Einmaleins besonders wichtig. Bei der Division kannst du auch das **Distributivgesetz** anwenden.

Mit 3 Zahlen kannst du 2 Multiplikationsaufgaben und 2 Divisionsaufgaben bilden:

		5	·	6	=	3	0				7	·	3	=					9	·	8	=	
		6	·	5	=	3	0																
	3	0	:	6	=		5																
	3	0	:	5	=		6																

Finde selbst jeweils noch eine passende Multiplikations- und 2 Divisionsaufgaben zu 7 · 3 und 9 · 8 und schreibe sie mit Lösung untereinander auf.

Große Zahlen kannst du **schriftlich dividieren**.

3	4	5	6	:	8	=	4	3	2			6	1	8	8	:	7	=
3	2	↓	↓															
	2	5																
	2	4	↓															
		1	6															
		1	6															
			0															

Du beginnst immer bei der ersten Ziffer der Zahl, die geteilt werden soll, hier ist es die 3. Aber 3 : 8 geht nicht, deshalb beginnst du mit den ersten beiden Ziffern.

34 : 8 = ? Das klappt, die 8 passt viermal in die 34 und du behältst 2 übrig. Du schreibst die 32 unter die 34 und die 4 als Ergebnis auf. Danach subtrahierst du 32 von 34. 2 bleibt übrig. Die 2 schreibst du unter die 2 von 32.

Da 2 nicht durch 8 teilbar ist, holst du jetzt die dritte Ziffer herunter und erhältst 25. In die 25 passt die 8 dreimal und du behältst diesmal 1 übrig.

Nun holst du die letzte Ziffer herunter und erhältst 16.
In die 16 passt die 8 genau zweimal, es bleibt nichts übrig.
Das Ergebnis ist 432.

Löse nun die andere Aufgabe selbstständig.

Bei der Multiplikation steht die größte Zahl immer hinten, bei der Division immer vorne.

3. Größen

In diesem Kapitel erfährst du einiges über Größen. Hinweise und Tipps zum Umrechnen der einzelnen Einheiten findest du im Kapitel 6. *Handwerkszeug*.

3.1 Geld

Geld ist ein Zahlungsmittel. Es gibt unterschiedliche Währungen.
In Deutschland heißt die Währung **Euro**.

Es gibt folgende Cent- und Euro-Münzen:

1 Cent

2 Cent

5 Cent

10 Cent

20 Cent

50 Cent

1 Euro

2 Euro

Es gibt folgende Euro-Scheine:

5 Euro

10 Euro

20 Euro

50 Euro

100 Euro

200 Euro

500 Euro

3.2 Gewichte

Um zu ermitteln, wie schwer etwas ist, brauchen wir **Gewichte**. Dazu nutzen wir verschiedene Waagen.

Das Standardmaß der Gewichtsmessung ist 1 Kilogramm (kg). Es wurde durch das „Urkilogramm", das in Paris aufbewahrt wird, festgelegt. Du brauchst folgende **Gewichtseinheiten**:

1 t (Tonne) = 1 000 kg
1 kg = 1 000 g
1 g (Gramm) = 1 000 mg (Milligramm)

Bei Lebensmitteln wird auch die Größe **Pfund** und z. B. für Baustoffe die Größe **Zentner** verwendet.

1 Pfund = 500 g   1 Zentner = 50 kg

3.3 Längen

Das Standardmaß der **Längenmessung** ist 1 Meter (m).

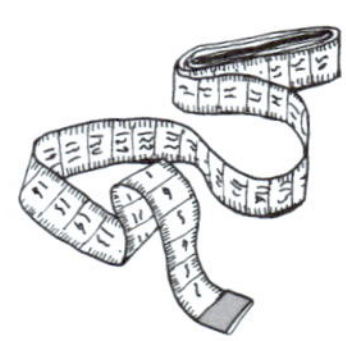

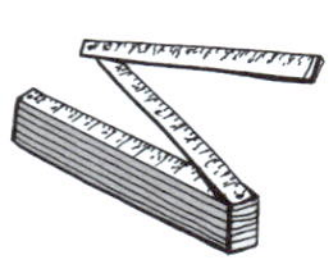

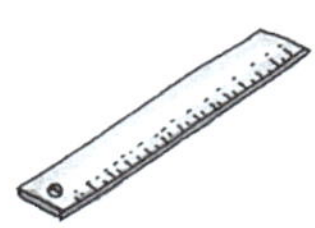

Du brauchst folgende **Längeneinheiten**:

1 km (Kilometer) = 1 000 m
1 m = 1 000 mm (Millimeter)
= 100 cm (Zentimeter)
= 10 dm (Dezimeter)

3.4 Flächen

Das Standardmaß für die **Flächenberechnung** ist 1 m^2, also Quadratmeter. Das wäre eine Fläche, die 1 m breit und 1 m lang ist. Man kann die Fläche auch in andern Einheiten ermitteln. Wir berechnen **Flächen** folgendermaßen:

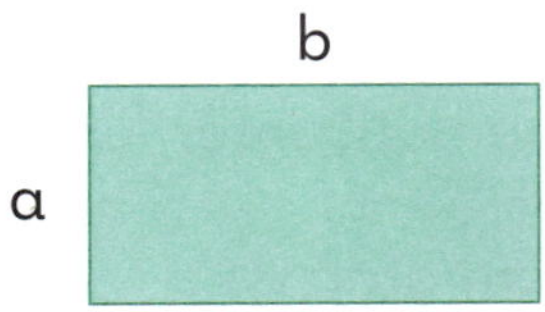

a · b = Fläche
1,5 cm · 3,0 cm = 4,5 cm^2

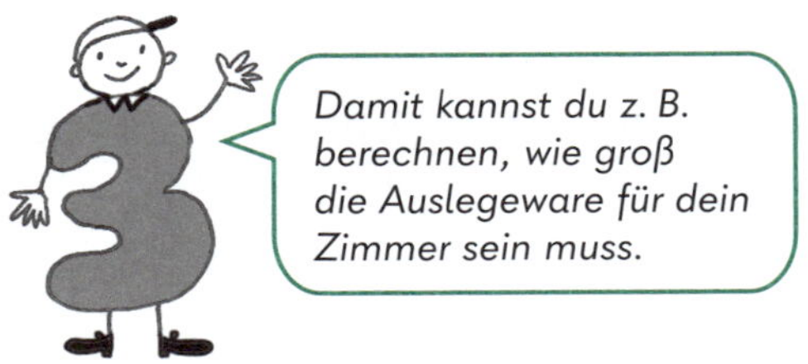

1 km^2 = 1 000 m^2
1 m^2 = 1 000 cm^2
1 m^2 = 100 dm^2

3.5 Volumen (Rauminhalt)

Das Standardmaß der Volumenberechnung ist 1 m^3, also **Kubikmeter**. So berechnen wir das **Volumen**:

Länge · Breite · Höhe.

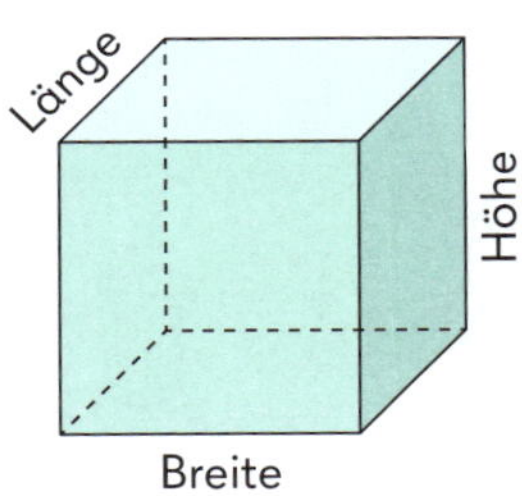

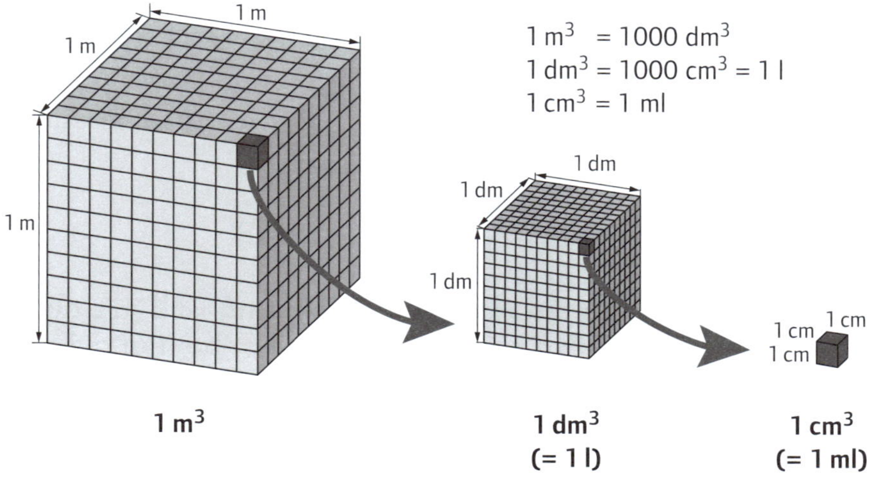

Du kennst die kleinen Würfel aus dem Mathematikunterricht, die 1 cm mal 1 cm mal 1 cm groß sind.
In eine Kiste, die 10 cm mal 10 cm mal 10 cm groß ist, kannst du 1 000 kleine Würfel hineingeben.
1 000 von diesen Kisten könntest du in eine große Kiste, die 1 m mal 1 m mal 1 m groß ist, hineingeben und dann wären darin 1 000 000 kleine Würfel.

3.6 Hohlmaße

Um Flüssigkeiten zu messen, benutzen wir die Maßeinheit **Liter** (l). Um größere Mengen von **Flüssigkeiten** anzugeben, wird auch die Einheit **Hektoliter** (hl) verwendet.

1 hl = 100 l
1 l = 1 000 ml

3.7 Zeit

Die **Zeit** ist ein ganz besonderes Maß. Da kann uns unser Dezimalsystem mit der Stellenwerttafel nicht helfen. Hierzu brauchst du folgende Maßeinheiten:

1 Jahr (a)	= 12 Monate
	= 365 Tage (d)
	= 52 Wochen
1 Monat	= 30 Tage
1 Woche	= 7 Tage
1 Tag	= 24 Stunden (h)
1 Stunde	= 60 Minuten (min)
1 Minute	= 60 Sekunden (s)

Zur Erfassung der Zeit nutzen wir Kalender (Jahr, Monat, Woche, Tage) und Uhren (Minuten und Sekunden).

Kannst du berechnen wie viele Tage du alt bist? Kannst du auch die Stunden berechnen?

Ich bin ________ Tage und ________ Stunden alt.

3.8 Zeitspannen

Wenn wir ermitteln wollen, wie lange etwas dauert, müssen wir Zeitspannen berechnen. Dabei sind Pfeilbilder sehr hilfreich, weil du so den Überblick behältst.

Beispiel:

Dein Zug fährt um 10.31 Uhr vom Ausgangsbahnhof ab und erreicht den Zielbahnhof um 19.48 Uhr. Wie lange wirst du unterwegs sein?

So rechnest du:

Abfahrt + Minuten bis zur vollen Stunde + volle Stunden + restliche Minuten

Also:

10.31 Uhr $\xrightarrow{+\,29\text{ min}}$ 11.00 Uhr $\xrightarrow{+\,8\text{ h, }48\text{ min}}$ = 8 h + 77 min

77 min sind mehr als 1 h, nämlich 1 h 17 min, also lautet das Ergebnis: 9 h 17 min

Antwort: Du wirst 9 h und 17 min unterwegs sein.

Löse die folgende Aufgabe mit Pfeilbildern.

Du startest um 9.18 Uhr vom Ausgangsbahnhof und erreichst den Zielbahnhof um 14.33 Uhr. Wie lange bist du unterwegs?

4. Brüche

Der **Bruchstrich** ist eigentlich ein Geteiltzeichen. Wenn du einen Kuchen in 8 Stücke teilst, bedeutet das, 1 Kuchen geteilt durch 8. Wir schreiben einen **Bruch** so:

$\frac{1}{8}$ 1 Das ist der **Zähler**.
8 Das ist der **Nenner**.

Der Bruch heißt ein Achtel, das bedeutet 1 von 8 Teilen.

Zeichne einen Kreis, teile ihn gleichmäßig in vier Teile und markiere darin $\frac{3}{4}$.

Teile die Rechenkästchen auch in vier gleiche Teile und zeichne $\frac{1}{4}$ farbig ein.

4.1 Brüche und die Uhrzeit

Bei der Uhrzeit wendet man auch Brüche an. Das Ziffernblatt kannst du, genau wie den Kuchen, gut in vier gleiche Teile aufteilen.

1.

2.

3.

4.

1. Wenn der Minutenzeiger auf der Zwölf steht, ist es eine volle Stunde.

2. Wenn der Minutenzeiger auf der Drei ist, sind 15 Minuten vergangen, das ist ein Viertel ($\frac{1}{4}$) der Stunde. Wir sagen dann: **Viertel nach**. Bei dieser Uhr ist es Viertel nach vier.

3. Wenn der Minutenzeiger auf der Sechs ist, sind 30 Minuten vergangen. Das ist eine halbe ($\frac{1}{2}$) Stunde. Wir sagen dann: **halb**. Auf dieser Uhr ist es halb sieben.

4. Wenn der Minutenzeiger auf der Neun steht, sind schon 45 Minuten oder $\frac{3}{4}$ der Stunde vergangen. Es sind dann noch 15 Minuten, also $\frac{1}{4}$, bis zur vollen Stunde. Wir sagen dann, es ist **Viertel vor**, auf dieser Uhr Viertel vor elf.

Zeichne in die Uhren die passenden Uhrzeiten ein:

2 Uhr

Viertel nach 6

halb 12

Viertel vor 5

4.2 Dezimalbrüche

Auf S. 21 hast du erfahren, dass der Bruchstrich eigentlich ein Geteiltzeichen ist. Wenn du eine Menge nicht gleichmäßig aufteilen kannst, kannst du trotzdem weiterrechnen und erhältst dann eine **Dezimalzahl**. Die Zahlen nach dem Komma sind **Dezimalbrüche**.

Wenn du 2 Tafeln Schokolade durch 4 teilen willst, bekommt niemand eine ganze Tafel. 2 : 4 geht nicht, du notierst dann eine 0. 0 mal 0 ist 0 und es bleiben dann wieder die 2 übrig. Jetzt musst du nach der Null ein Komma schreiben, das ist wichtig! Dann darfst du hinter die 2 in deiner Rechnung eine 0 schreiben und erhältst 20.

20 : 4 ist 5, denn 5 mal 4 ist 20. Jetzt bleibt nichts mehr übrig! Das Ergebnis ist 0,5.

2	:	4	=	0,	5			3	:	4	=						1	0	:	8	=		
0																							
2	0																						
2	0																						
	0																						

Löse auch die beiden anderen Aufgaben!
Achtung! Du erhältst jetzt zwei Stellen nach dem Komma. Du musst dann jedes Mal wieder eine Null hinter die Zahl in deiner Rechnung schreiben.

Die erste Stelle nach dem Komma sind immer **Zehntel**, die zweite **Hundertstel** und die dritte **Tausendstel** usw. Das passt prima für unsere Größen Hohlmaße, Gewichte und Längen!

Auf dem Messbecher kannst du das gut erkennen. Jeder große Strich ist 100 ml, das ist ein Zehntel von 1 000 ml.
Statt 100 ml kannst du auch 0,1 l schreiben.

Zeichne folgende Mengen in die Messbecher ein:

0,7 l

0,250 l

0,5 l

Auf S. 43 findest du eine Übersicht über die wichtigsten Dezimalbrüche bei den Größen.

4.3 Rechnen mit Dezimalzahlen

Bei der **Addition** und **Subtraktion** von Dezimalzahlen musst du darauf achten, dass die Kommata immer untereinander stehen.

Beispiel:

		1	5,	3	0	
		4	0,	6	7	
	+		1,	0	1	
		5	6,	9	8	

Bei der **Multiplikation** einer Dezimalzahl sind beim Ergebnis genau so viele Stellen nach dem Komma wie oben. (Zur Division schaue auf S. 23 nach.)

Beispiel:

	3,	2	5	·	1	5				1	3,	7	8	·	6				4	,1	·	3	
			3	2	5	0																	
			1	6	2	5																	
			4	8,	7	5																	

5. Geometrie

5.1 Linien und Punkte

Linien: Es gibt gekrümmte und gerade Linien.

Gerade: Eine Linie ohne Begrenzung heißt Gerade.

Strahl: Eine Linie mit einer Begrenzung heißt Strahl.

Eine Linie mit zwei Begrenzungen heißt **Strecke**.

Schnittpunkt: Der Punkt, an dem sich zwei Linien kreuzen, heißt Schnittpunkt.

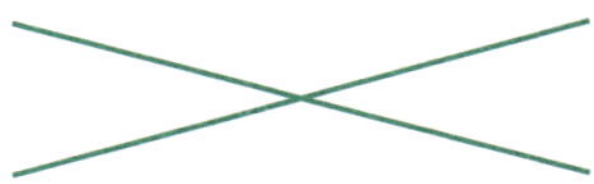

Senkrechte: Wenn sich zwei Geraden kreuzen und dabei vier rechte Winkel bilden, nennt man die Gerade, die von oben nach unten geht, Senkrechte.

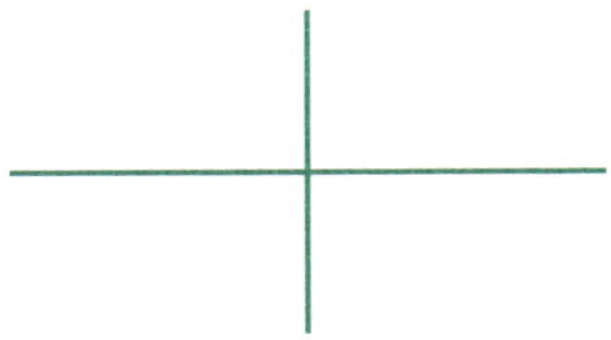

Parallele: Zwei Geraden, die an jedem Punkt denselben Abstand haben, nennt man Parallele.

Diagonale: Strecken, die Ecken von Flächen oder Körpern miteinander verbinden, selbst aber keine Kante oder Seite sind, nennt man Diagonale.

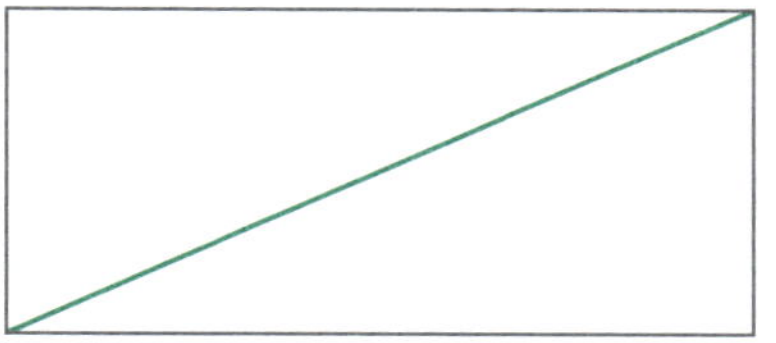

Durchmesser/Radius:
Der **Durchmesser** ist eine gerade Linie durch den Mittelpunkt einer Fläche oder eines Körpers.

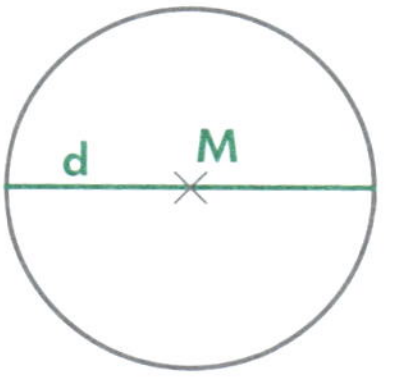

Der **Radius** oder auch Halbmesser ist der Abstand vom Mittelpunkt eines Kreises zur Kreislinie.

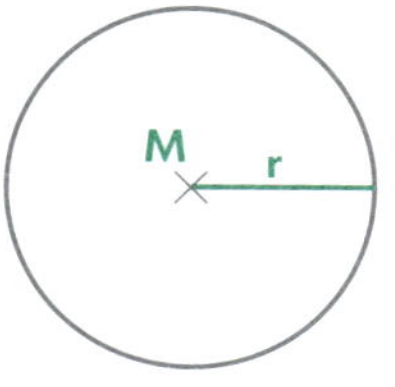

5.2 Flächenformen

Es gibt verschiedene Flächenformen. Man kann sie nach der Anzahl der Ecken sortieren.

Kreis

Dreieck

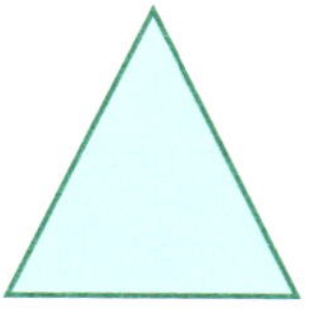

konkaves Viereck

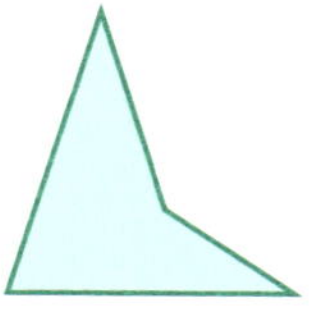

Vierecke

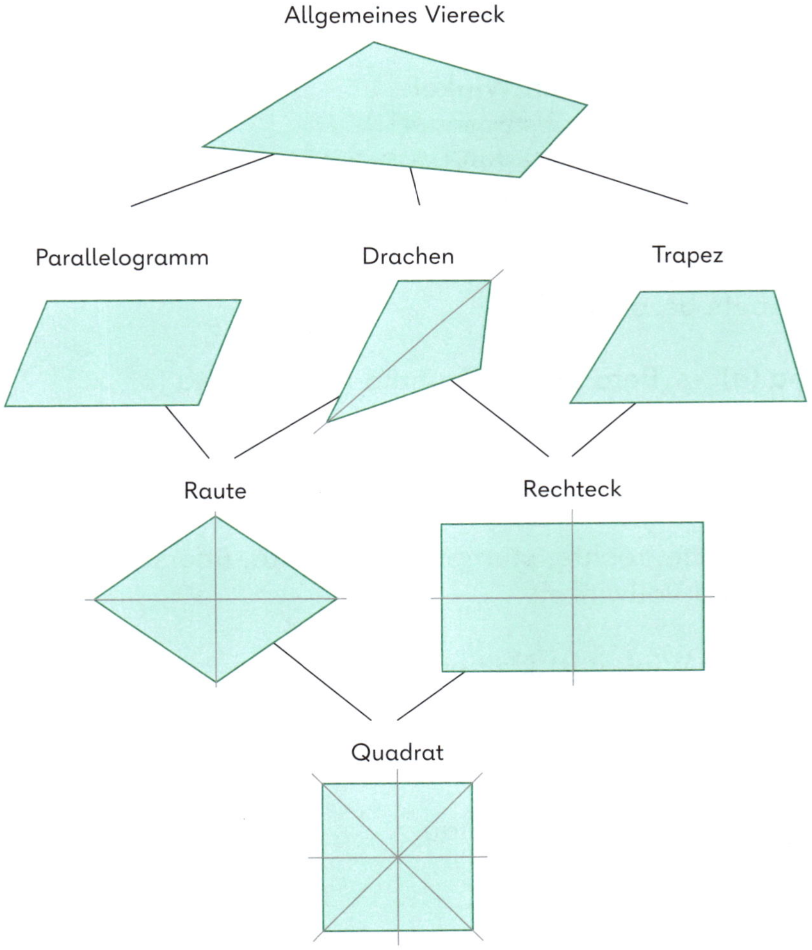
Allgemeines Viereck
Parallelogramm
Drachen
Trapez
Raute
Rechteck
Quadrat

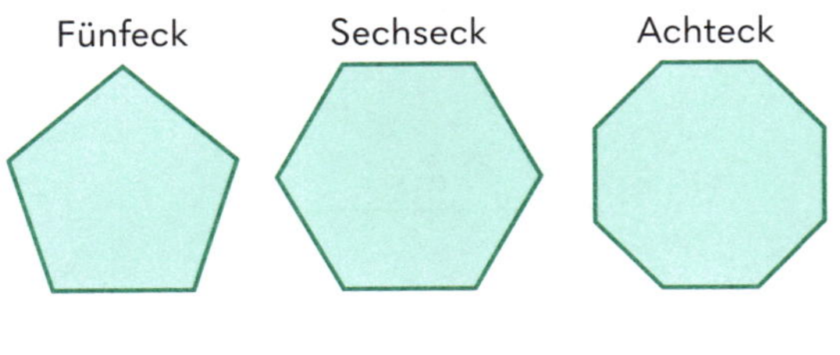
Fünfeck
Sechseck
Achteck

Es gibt auch noch ein Siebeneck, Neuneck, Zehneck usw. Je mehr Ecken eine Fläche hat, desto näher kommt sie dem Kreis.

5.3 Winkel

Wenn von einem Punkt zwei in einer Ebene liegende Strahlen ausgehen, entsteht ein **Winkel**.

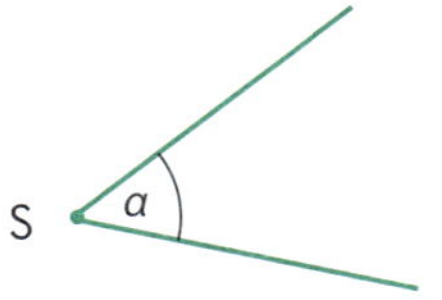

Der Punkt, von dem die beiden Seiten (Scheitel) des Winkels ausgehen, heißt **Scheitelpunkt (S)**.

Winkel werden mit den Buchstaben des griechischen Alphabets bezeichnet:

Alpha (α) Beta (β) Gamma (γ) Delta (δ)

Winkelarten

Es gibt spitze, rechte, stumpfe, gestreckte, überstumpfe Winkel und Vollwinkel.

Ein **spitzer Winkel** ist kleiner als 90 Grad.

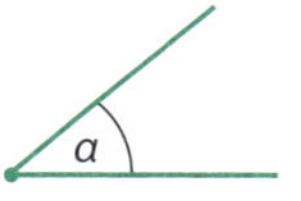

Ein **rechter Winkel** hat genau 90 Grad.

Ein **stumpfer Winkel** ist größer als 90, aber kleiner als 180 Grad.

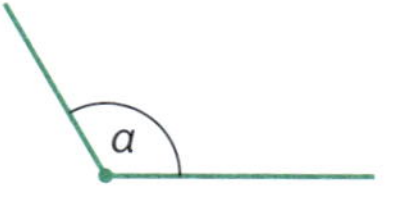

Ein **gestreckter Winkel** hat genau 180 Grad.

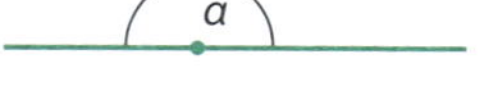

Ein **überstumpfer Winkel** ist größer als 180, aber kleiner als 360 Grad.

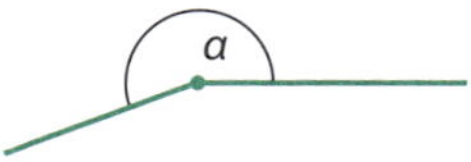

Ein **Vollwinkel** hat genau 360 Grad.

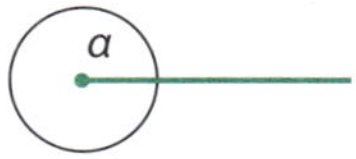

5.4 Winkel zeichnen

Jetzt sollst du einen Winkel mit 35 Grad auf der folgenden Seite zeichnen. So gehst du vor:

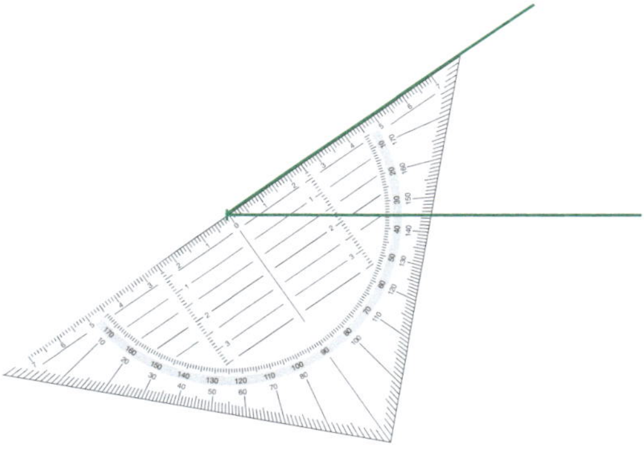

Zeichne mit dem Geodreieck zunächst einen waagerechten Strahl ausgehend von 0 cm. Dabei kannst du dich am Karo orientieren.
Innen im Geodreieck ist die Skala für Winkel auf einem Halbkreis angeordnet. Miss 35 Grad ab, indem du die rechte Ecke des Geodreiecks nach oben drehst, bis die Linie von 35 genau auf der Linie des Strahls liegt. Wichtig ist, dass die 0 deines Geodreiecks beim Abmessen des Winkels am Ausgangspunkt des Strahls liegen bleibt. Jetzt markierst du einen Punkt bei 35 Grad. Verbinde nun den Ausgangspunkt mit dem Punkt bei 35 Grad. Du kannst den Schenkel des Winkels auch direkt zeichnen.
Es ist ein spitzer Winkel mit 35 Grad entstanden.

35 Grad

Zeichne nun folgende Winkel und schreibe dazu, um welche Winkelart es sich handelt.

40 Grad

90 Grad

120 Grad

140 Grad

320 Grad

5.5 Geometrische Körper

Es gibt verschiedene geometrische Körper. Sie können **Kanten**, **Flächen** und **Ecken** oder **Spitzen** haben.

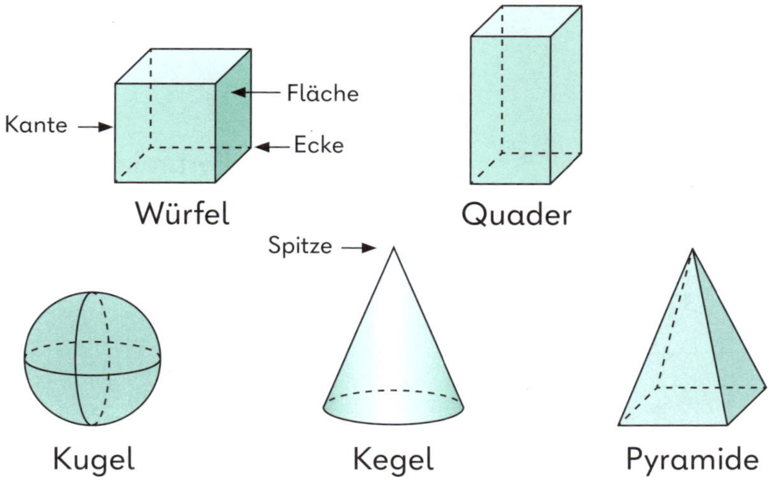

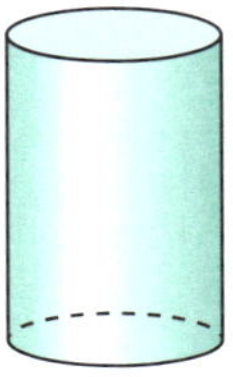
Zylinder

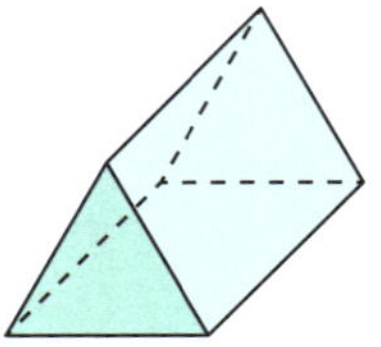
Prisma

5.6 Körpernetze

Wenn du einen Körper auseinanderklappst, erhältst du ein Körpernetz.

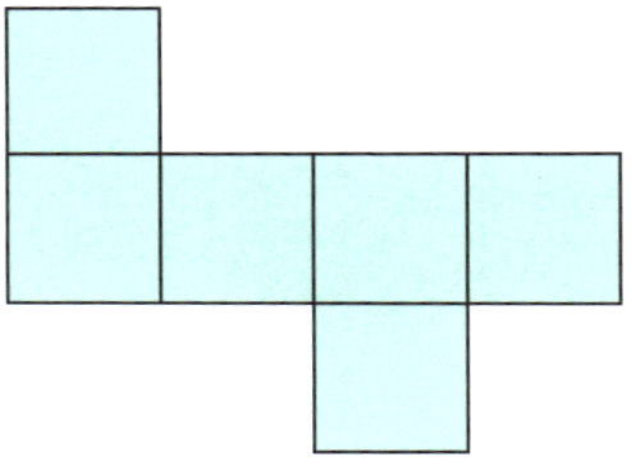
Körpernetz Würfel

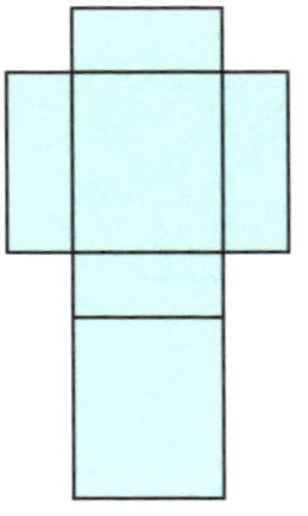
Körpernetz Quader

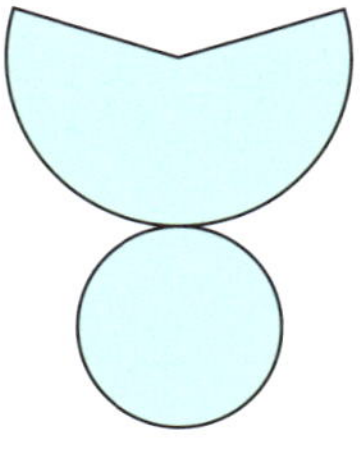
Körpernetz Kegel

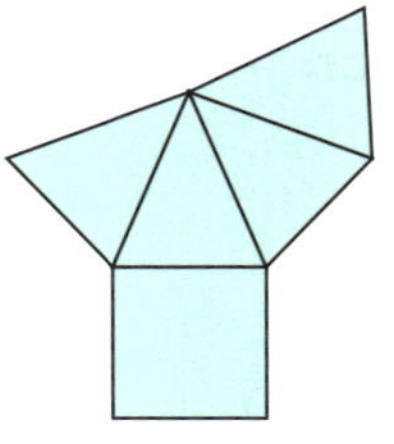
Körpernetz Pyramide

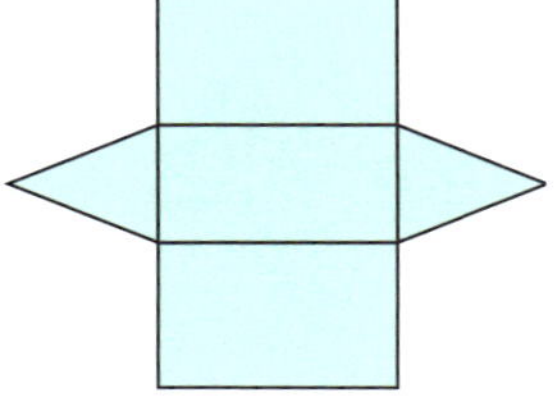
Körpernetz Prisma

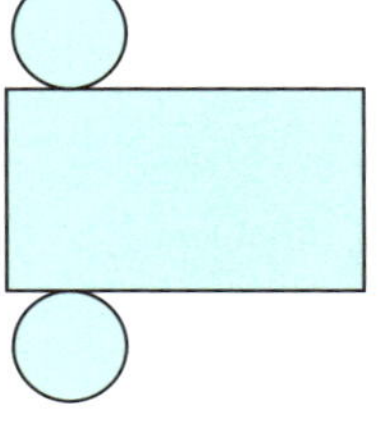
Körpernetz Zylinder

6. Handwerkszeug

6.1 Diagramme

Diagramme geben eine Anzahl oder Zahl im Bild wieder. Du erhältst einen Eindruck von ihrer Größe und kannst so Zahlen miteinander vergleichen. In der Grundschule lernst du **Balken-, Säulen-** und **Kreisdiagramme** kennen.

Beispiel:
Es wurden Kinder nach ihren Lieblingsgetränken befragt. Danach sind die Diagramme mit den Befragungsergebnissen erstellt worden.

Balkendiagramm

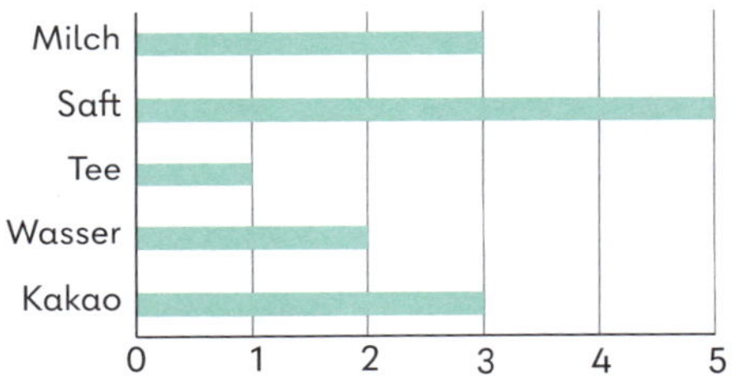

Kreisdiagramm

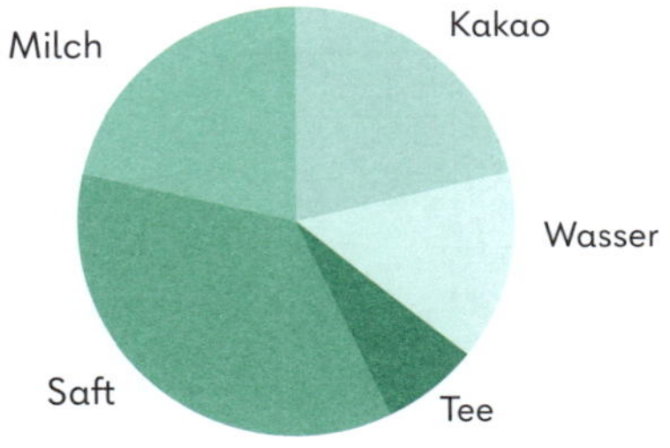

Säulendiagramm

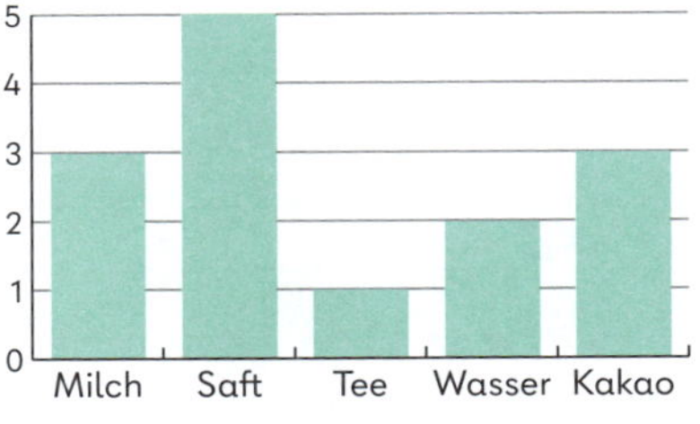

Schaue dir die Diagramme an und beantworte folgende Fragen:

1. Wie viele Kinder wurden insgesamt befragt?

____

2. Welches Getränk mögen die Kinder am liebsten?

____

3. Welche Getränke mögen gleich viele Kinder?

____

Beispiel:
In deiner Klasse sind 21 Kinder. Du hast eine Umfrage zu den Lieblingstieren gemacht. Das ist das Ergebnis:

Tier	Anzahl Kinder
Katze	8
Hund	7
Zwergkaninchen	3
Hamster	2
Fische	1

Zeichne ein Balkendiagramm zu den Ergebnissen der Befragung:

Beantworte folgende Fragen zu deinem Diagramm:

1. Welches Tier mögen die Kinder am liebsten?

2. Welches Tier ist am wenigsten beliebt?

6.2 Gerade und ungerade Zahlen

Erinnerst du dich noch an das Material Ziffern und Chips oder Wendeplättchen aus dem 1. Schuljahr? Da musstest du zu jeder Ziffer von 1 bis 10 die entsprechende Anzahl Chips bzw. Wendeplättchen zuordnen. Wenn du das Material nicht hast, kannst du Münzen verwenden. Wenn du einen Faden zwischen die nebeneinanderliegenden Plättchen legst, teilt dieser bei den ungeraden Zahlen immer das letzte Plättchen. So kannst du die ungeraden Zahlen erkennen.

1	2	3	4	5	6	7	8	9	10
o	o o	o o	o o	o o	o o	o o	o o	o o	o o
		o	o o	o o	o o	o o	o o	o o	o o
				o	o o	o o	o o	o o	o o
						o	o o	o o	o o
								o	o o

2, 4, 6, 8 und 10 sind **gerade Zahlen**. Diese sind durch 2 teilbar.
1, 3, 5, 7 und 9 sind **ungerade Zahlen**. Diese sind nicht durch 2 teilbar.

6.3 Größer als, kleiner als, gleich

Zahlen kannst du miteinander vergleichen. Wenn du eine entsprechende Anzahl Plättchen oder Würfel untereinander legst oder Zahlenstäbchen nebeneinander legst, kannst du genau sehen, welche Zahl größer und welche kleiner ist oder ob beide Zahlen gleich groß sind.

3 < 5 → 3 ist **kleiner als** 5.

5 > 3 → 5 ist **größer als** 3.

5 = 5 → 5 ist **gleich** 5.

Setze das richtige Zeichen zwischen folgende Zahlen:

123 ☐ 132	995 ☐ 595	277 ☐ 277

6.4 Runden

Beim **Runden** ersetzen wir eine Zahl durch einen Näherungswert. Das hilft uns z. B. beim Überschlagen eines Ergebnisses. Beim **Aufrunden** wird die Zahl größer, beim **Abrunden** wird sie kleiner. Gerundet wird auf den nächstkleineren und nächstgrößeren Zehner, Hunderter, Tausender usw. Die Zahl, die gerundet wird, wird dann mit einer Null beziffert. Bis zum Wert von 4 runden wir ab, von 5 bis 9 runden wir auf.

Beispiele:

Auf den Zehner runden:

1	2	≈	1	0
1	7	≈	2	0
2	3	≈	2	0

Runde auf den Zehner:

1	3	≈		
2	5	≈		
7	8	≈		

Auf den Hunderter runden:

1	2	5	≈	1	0	0
2	6	8	≈	3	0	0
5	2	9	≈	5	0	0

Runde auf den Hunderter:

2	7	3	≈			
4	3	9	≈			
6	5	1	≈			

Auf den Tausender runden:

1	5	6	9	≈	2	0	0	0
2	0	9	9	≈	2	0	0	0
4	5	7	8	≈	5	0	0	0

Runde auf den Tausender:

2	5	4	7	≈				
4	0	8	8	≈				
8	6	7	9	≈				

6.5 Primfaktorenzerlegung

Zahlen, die man nur durch 1 und sich selber teilen kann, nennt man **Primzahlen**. 1 ist noch keine Primzahl. Die kleinste Primzahl ist also die 2. Eine Übersicht über alle Primzahlen bis 1 000 findest du im Kapitel 7. *Listen*. Die **Primfaktorenzerlegung** hilft dir später z. B. beim Kürzen von Brüchen.

Beispiel:

20 kannst du durch 10 teilen und erhältst dann 2 mal 10. 2 ist schon eine Primzahl, 10 nicht, aber du kannst 10 in 2 mal 5 aufteilen, also

$2 \cdot 2 \cdot 5$ also: $2^2 \cdot 5$

5 742	Diese Zahl kannst du auf jeden Fall durch 2 teilen, aber auch durch 3 (Quersummenregel), also:
$3 \cdot 1\,914$	Auch diese Zahl kannst du durch 3 teilen, also:
$3^2 \cdot 638$	Diese Zahl kannst du durch 2 teilen, also:
$3^2 \cdot 2 \cdot 319$	Ist 319 eine Primzahl?

319 kannst du durch 11 und 29 teilen, also $3^2 \cdot 2 \cdot 11 \cdot 29$.

6.6 kgV (das kleinste gemeinsame Vielfache)

Die Vielfachen einer Zahl sind die Einmaleinsreihen, die du gelernt hast. Also die **Vielfachen** von 2 sind 2, 4, 6, 8, 10 usw., die Vielfachen von 5 sind 5, 10, 15 usw. Das **kleinste gemeinsame Vielfache** dieser beiden Zahlen ist die 10.

Schreibe so:
kgV (2, 5) = 10

6.7 ggT (der größte gemeinsame Teiler)

So ermittelst du den größten gemeinsamen Teiler:

Teiler von 6 sind: 1, 2, 3, 6
Teiler von 18 sind: 1, 2, 3, 6, 9, 18
Der **größte gemeinsame Teiler** ist also 6.

Schreibe so:
ggT (6, 18) = 6

6.8 Quersumme

Die **Quersumme** ist die Summe aller Ziffern einer mehrstelligen Zahl.

Beispiel:
Zahl: 5 742

Die Quersumme ist: 5 + 7 + 4 + 2 = 18
Die Zahl 5 742 hat die Quersumme 18.

Super, jetzt weißt du, dass du 5 742 durch 2, 3 und auch durch 9 teilen kannst.

6.9 Stellenwerttafel

Eine **Stellenwerttafel** ist eine Tabelle. Sie verdeutlicht die Werte der Ziffern einer Zahl. Mit ihrer Hilfe fällt es dir leichter, große Zahlen zu lesen.

Millionen	HT	ZT	T	H	Z	E

Male die einzelnen Felder im Kopf der Stellenwerttafel von den Einern bis Millionen farbig an. Benutze die Farben Grün (Einer, Tausender, Millionen), Blau (Zehner, Zehntausender) und Rot (Hunderter, Hunderttausender) für die einzelnen Stellenwerte. (Wenn es in deinem Buch andere Farben für die Stellenwerte gibt, benutze diese.)

Trage folgende Zahlen ein: 1 947 328 und 50 206.
Füge noch drei weitere eigene große Zahlen ein.

6.10 Stellenwerttafeln zu den Größen

Mithilfe von **Stellenwerttafeln** kannst du dir die verschiedenen Stellen der Größen gut verdeutlichen.

Gewichte

t			kg			g			mg		

Trage folgende Gewichte in die Tabelle ein:
10 t 35 kg, 15 kg, 220 g

Längen

km			m			dm	cm	mm

Trage folgende Längen in die Tabelle ein:
535 km, 5 km 120 m, 10 cm

6.11 Umrechnungszahlen

Die **Umrechnungszahlen** helfen dir, eine Größeneinheit in eine höhere bzw. niedrigere Einheit umzurechnen. Wenn du die Einheit in die höhere Einheit umrechnen möchtest, musst du die Zahl mit der Umrechnungszahl **dividieren**, willst du eine große Einheit in eine niedrigere Einheit umrechnen, musst du die Zahl **multiplizieren**.

Längen

km in m	· 1 000	m in km	: 1 000
m in dm	· 10	dm in m	: 10
dm in cm	· 10	cm in dm	: 10
m in cm	· 100	cm in m	: 100
cm in mm	· 10	mm in cm	: 10
m in mm	· 1 000	mm in m	: 1 000

Geld

€ in ct	· 100	ct in €	: 100

Gewichte

t in kg	· 1 000	kg in t	: 1 000
kg in g	· 1 000	g in kg	: 1 000

Volumen (Hohlmaße)

l in ml	· 1 000	ml in l	: 1 000
hl in l	· 100	l in hl	: 100

6.12 Teilbarkeitsregeln

Merke dir die folgenden **Teilbarkeitsregeln**.

Teilbarkeit durch **2**:	Alle geraden Zahlen, also Zahlen mit den letzten Ziffern 0, 2, 4, 6 und 8, sind durch 2 teilbar.
Teilbarkeit durch **3**:	Eine Zahl ist durch 3 teilbar, wenn ihre Quersumme durch 3 teilbar ist.
Teilbarkeit durch **4**:	Eine Zahl ist durch 4 teilbar, wenn ihre letzten 2 Stellen (Zehner und Einer) durch 4 teilbar sind.
Teilbarkeit durch **5**:	Eine Zahl ist durch 5 teilbar, wenn ihre letzte Ziffer eine 0 oder eine 5 ist.
Teilbarkeit durch **6**:	Eine Zahl ist durch 6 teilbar, wenn sie durch 2 (gerade Zahlen) und 3 (Quersumme) teilbar ist.
Teilbarkeit durch **7**:	Hier gibt es leider keine Regel.
Teilbarkeit durch **8**:	Eine Zahl ist durch 8 teilbar, wenn ihre letzten drei Ziffern durch 8 teilbar sind.
Teilbarkeit durch **10**:	Eine Zahl ist durch 10 teilbar, wenn ihre letzte Stelle eine 0 ist.

6.13 Rechenvereinbarungen

Aufgaben einer Rechenstufe (nur Strichrechnung + und – oder nur Punktrechnung · und :) löst du in der Regel von links nach rechts.

Beispiel:

$3 + 5 + 7 =$ $\quad 8 + 7 = 15$

$3 \cdot 8 : 4 =$ $\quad 24 : 4 = 6$

Punkt- vor Strichrechnung

Wenn in einer Aufgabe Punkt- und Strichrechnung vorkommt, löse immer zuerst die Punktrechnung, danach die Strichrechnung.

Beispiel:

$15 - 12 : 4 =$

$15 - 3 = 4$

Klammern

Kommen in einer Aufgabe auch Klammern vor, so müssen diese zuerst aufgelöst werden. Innerhalb der Klammer gilt wieder Punkt- vor Strichrechnung.

Beispiel:

$(15 - 3) : 4 =$

$12 : 4 = 3$

$25 + 4 - 9 =$ $\qquad 36 : 9 \cdot 3 =$

$72 - 56 : 8 =$ $\qquad (72 - 56) : 8 =$

7. Listen

Einmaleinsfeld (Pythagorasfeld)

1	**2**	**3**	**4**	**5**	**6**	**7**	**8**	**9**	**10**
2	4	6	8	10	12	14	16	18	**20**
3	6	9	12	15	18	21	24	27	**30**
4	8	12	16	20	24	28	32	36	**40**
5	10	15	20	25	30	35	40	45	**50**
6	12	18	24	30	36	42	48	54	**60**
7	14	21	28	35	42	49	56	63	**70**
8	16	24	32	40	48	56	64	72	**80**
9	18	27	36	45	54	63	72	81	**90**
10	20	30	40	50	60	70	80	90	**100**

Brüche und Dezimalbrüche

Natürlicher Bruch	**Dezimalbruch**	**Von einem kg, also 1000 g, sind das**
$\frac{1}{2}$	0,5	500 g
$\frac{1}{4}$	0,25	250 g
$\frac{3}{4}$	0,75	750 g
$\frac{3}{8}$	0,125	125 g
$\frac{1}{10}$	0,1	100 g
$\frac{1}{100}$	0,01	10 g
$\frac{1}{1000}$	0,001	1 g

Quadrat- und Kubikzahlen

Zahl	Quadratzahl x^2	Kubikzahl x^3
1	1	1
2	4	8
3	9	27
4	16	64
5	25	125
6	36	216
7	49	343
8	64	512
9	81	729
10	100	1000
11	121	1331
12	144	1728
13	169	2197

Zahl	Quadratzahl x^2	Kubikzahl x^3
14	196	2744
15	225	3375
16	256	4096
17	289	4913
18	324	5832
19	361	6859
20	400	8000
21	441	9261
22	484	10648
23	529	12167
24	576	13824
25	625	15625

Primzahlen von 2 bis 1000

2	3	5	7	11	13	17	19	23	29
31	37	41	43	47	53	59	61	67	71
73	79	83	89	97	101	103	107	109	113
127	131	137	139	149	151	157	163	167	173
179	181	191	193	197	199	211	223	227	229
233	239	241	251	257	263	269	271	277	281
283	293	307	311	313	317	331	337	347	349
353	359	367	373	379	383	389	397	401	409
419	421	431	433	439	443	449	457	461	463
467	479	487	491	499	503	509	521	523	541
547	557	563	569	571	577	587	593	599	601
607	623	617	619	631	641	643	647	653	659
661	673	677	683	691	701	709	719	727	733
739	743	751	757	761	769	773	787	797	809
811	821	823	827	829	839	853	857	859	863
877	881	883	887	907	911	919	929	937	941
947	953	967	971	977	983	991	997		

8. Material

Wenn du mit der Zahlvorstellung und den Stellenwerten noch Probleme hast, helfen dir mathematische Würfel und Stellenwertkarten. Hiermit kannst du auch alle vier Grundrechenarten handelnd erfahren. Das Material wird von verschiedenen Lehrmittelanbietern angeboten.

Dienes-Material (Tausendermaterial)

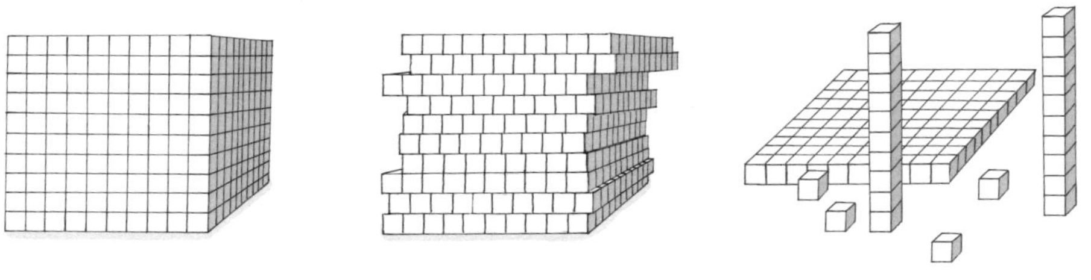

Beim Montessori-Material sind die

Tausender grün

Hunderter rot

Zehner blau

Einer grün.

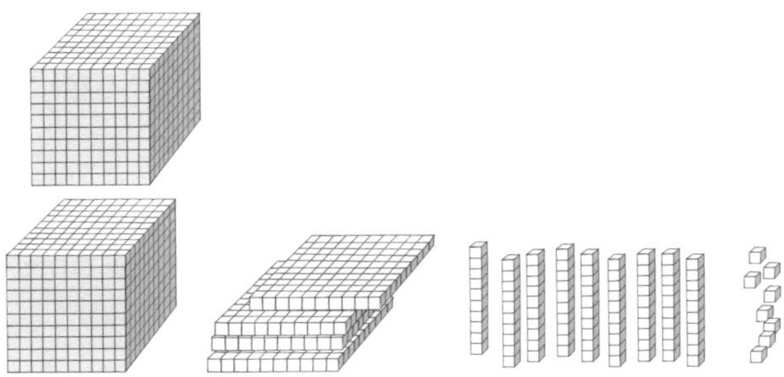

2	4	9	8

Mit dem Kartensatz (siehe S. 47) oder anderen Stellenwertkarten kannst du die Zahlen nach ihren Stellenwerten zusammenstellen, indem du sie übereinanderlegst. Du kannst ihn selbst herstellen und dabei die Farben für die Stellenwerte nutzen, die in deinem Mathebuch verwendet werden.

Geodreieck

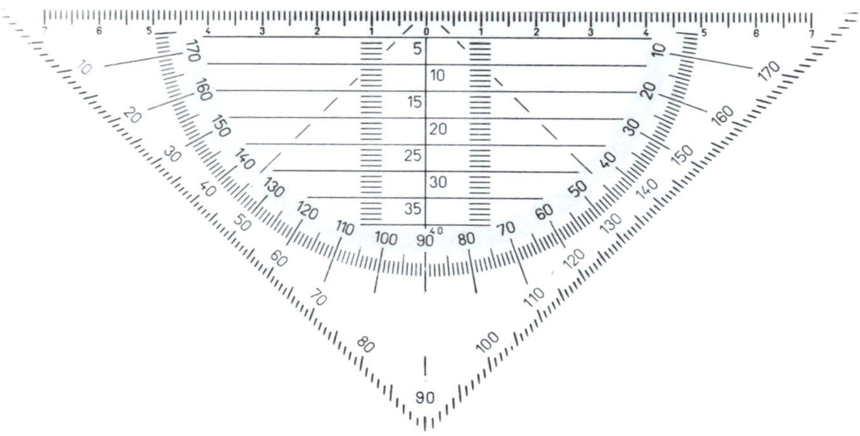

Wichtig: Du benötigst einen gut gespitzten Bleistift!

Zirkel

Den Zirkel brauchst du hauptsächlich, um einen Kreis zu zeichnen, aber auch um die Winkel ordentlich einzuzeichnen.

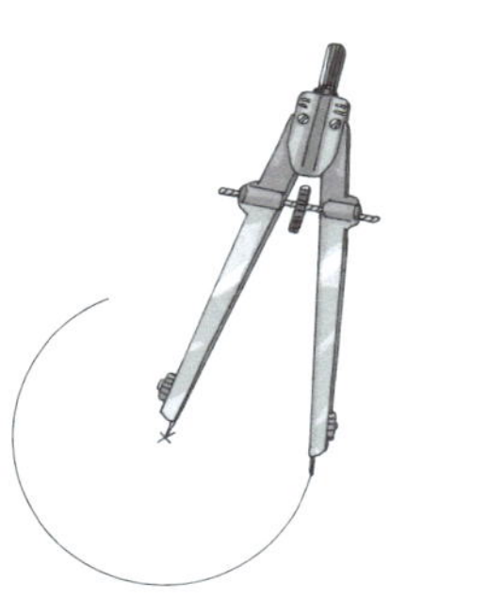

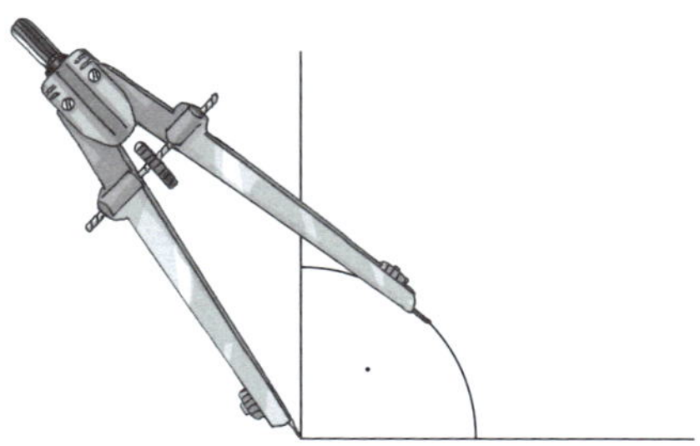

Kartensatz

(zur Herstellung auf DIN A4 vergrößern)

1000	100	10	1
2000	200	20	2
3000	300	30	3
4000	400	40	4
5000	500	50	5
6000	600	60	6
7000	700	70	7
8000	800	80	8
9000	900	90	9

© 2021 Cornelsen Verlag GmbH, Berlin. Alle Rechte vorbehalten.
Nutzung sämtlicher Inhalte nur im Rahmen dieser Vorlage.
Die Vervielfältigung dieser Seite ist für den eigenen Unterrichtsgebrauch gestattet.

Erarbeitet von Monika Roller, Mein kleines Regelheft Mathematik, Cornelsen 2021.

9. Fach- und Fremdwörterverzeichnis

Addition, addieren	Plusrechnen, Zusammenzählen
Summand	Zahl, die addiert wird
Summe	Ergebnis der Addition
Subtraktion, subtrahieren	Minusrechnen, Abziehen
Minuend	Zahl, von der subtrahiert wird
Subtrahend	Zahl, die subtrahiert wird
Differenz	Ergebnis der Subtraktion
Multiplikation, multiplizieren	Malrechnen, malnehmen
Faktor	Zahl, die multipliziert wird
Produkt	Ergebnis der Multiplikation
Division, dividieren	Geteiltrechnen
Dividend	Zahl, die dividiert wird
Divisor	Zahl, durch die dividiert wird
Quotient	Ergebnis der Division
Kommutativgesetz	Vertauschungsgesetz
Assoziativgesetz	Verknüpfungs- oder Verbindungsgesetz
Distributivgesetz	Verteilungsgesetz
Volumen	Rauminhalt
Primzahl	Zahl, die nur durch 1 oder sich selber dividiert werden kann
kgV	kleinstes gemeinsames Vielfaches
ggT	größter gemeinsamer Teiler